南方松材线虫病
防治技术及管理手册

贺应科　肖 炜　主 编

中国农业科学技术出版社

图书在版编目（CIP）数据

南方松材线虫病防治技术及管理手册 / 贺应科，肖炜主编 . —北京：中国农业科学技术出版社，2021.3

ISBN 978-7-5116-5176-1

Ⅰ . ①南… Ⅱ . ①贺… ②肖… Ⅲ . ①松属—线虫感染—病虫害防治 Ⅳ . ① S763.712.4

中国版本图书馆 CIP 数据核字（2021）第 023490 号

责任编辑　张志花
责任校对　李向荣
责任印制　姜义伟　王思文

出 版 者　中国农业科学技术出版社
　　　　　北京市中关村南大街 12 号　邮编：100081
电　　话　（010）82106636（编辑室）（010）82109702（发行部）
　　　　　（010）82109709（读者服务部）
传　　真　（010）82106631
网　　址　http://www.castp.cn
经 销 者　各地新华书店
印 刷 者　北京地大天成文化发展有限公司
开　　本　130 mm × 185 mm　1 /32
印　　张　3.25
字　　数　50 千字
版　　次　2021 年 3 月第 1 版　2021 年 3 月第 1 次印刷
定　　价　35.00 元

版权所有 · 翻印必究

《南方松材线虫病防治技术及管理手册》

编　委　会

主　　编

贺应科　　广东省惠州市林业局

肖　炜　　中南林业科技大学

副 主 编

黄华艳　　广西壮族自治区林业科学研究院森林保护研究所

刘　鹏　　广东春晖环境建设有限公司

编写人员

李运龙　　广东省惠州市森林病虫害防治站

刘　华　　广东博幻生态科技有限公司

黄黎君　　中南林业科技大学

前言
PREFACE

我国南方地区气候较炎热，松林面积大，主要松树品种有马尾松、华南五针松、云南松、湿地松等，自然状况下多为松材线虫病易感病品种。

针对林业技术人员对松材线虫病防治技术以及管理知识相对匮乏的情况，松材线虫病防治相关的政、产、学、研单位多位多年从事松材线虫病防治的技术和管理人员，自发组织编写了《南方松材线虫病防治技术及管理手册》，以指导南方地区林业基层单位及技术人员掌握相关的防治技术及管理知识。

作为一本林业基层部门实用技术管理图书，本书在编写过程中注重实用性、先进性，一方面尽可能收集林业基层部门的实践经验，另一方面结合国家、地方的政策和法规，以期对基层林业部门开展相关工作有所帮助。

本书在编写过程中得到南京林业大学郝德君教授以及广东省林业局防治检疫处林绪平处长等有关领导的指导和建议，广东春晖环境建设有限公司、广东博幻生态科技有限公司对本书的出版给予了大力支持，我们表示衷心感谢。由于我们学识有限，书中难免有不足之处，敬请广大读者指正。

编者

2020 年 6 月

目录
CONTENTS

第三章　松材线虫病疫情防治

第四章　防治项目的组织和管理

第一章

认识松材线虫病

一、松材线虫病为害概况

松材线虫病是松科植物的一种毁灭性病害，主要通过松墨天牛等媒介昆虫传播，传播速度快；致病力强，且常常猝不及防；松树一旦感病很难治愈，死亡速度快，最快的 40 多天即可枯死，因此，松材线虫病被称为松树的“癌症”，多个国家和地区组织将其列为重点检疫对象（图 1–1）。

图 1–1　松材线虫病发生及为害状

二、病原

对松材线虫病原学的深入研究是揭示松材线虫病致病机制和流行规律的前提，也是科学实施防控的基础。国内外相关学者都做了大量研究，现公认为松材线虫是该病的唯一病原，松材线虫能引起松树萎蔫。

另有部分学者认为松材线虫病是松材线虫与其体表携带的致病细菌共同侵入寄主植物中，致病细菌分泌毒素导致寄主萎蔫和死亡。

通过有关松材线虫与伴生真菌的研究，认为伴生真菌在松材线虫病的后期阶段待松树细胞死亡后可以作为线虫的饲料维持线虫正常的种群繁衍。

图 1–2 为松材线虫幼虫，图 1–3 为松材线虫雄性，图 1–4 为松材线虫。

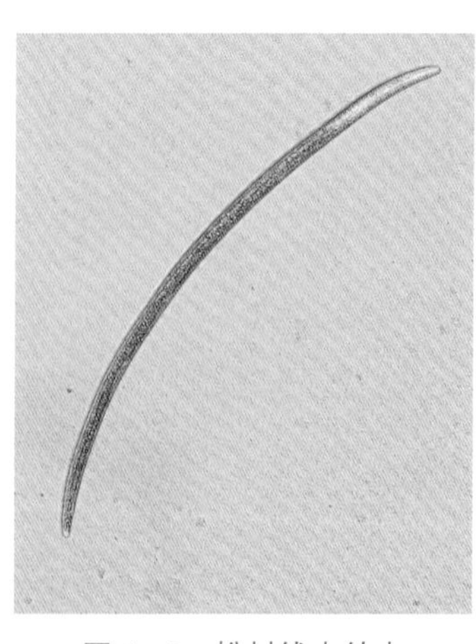

图 1–2　松材线虫幼虫

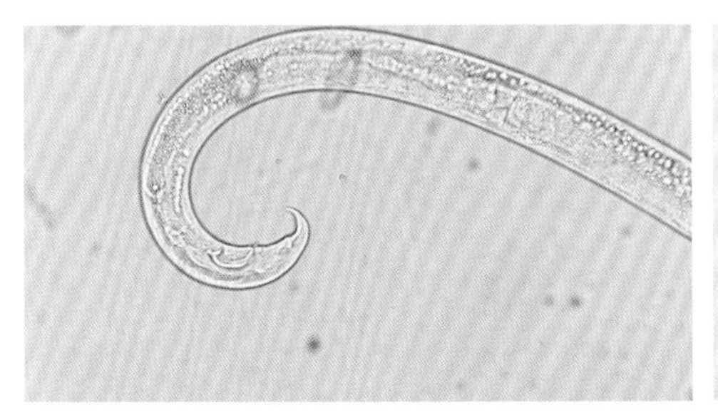
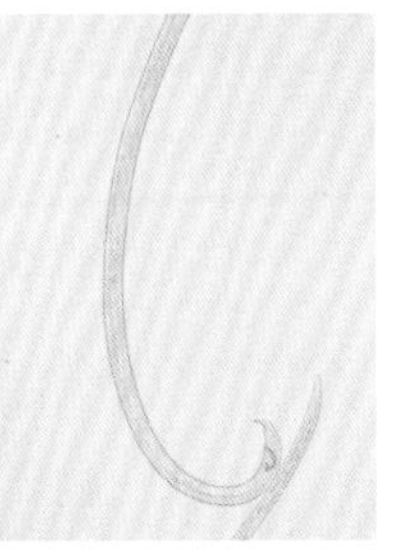

图 1-3　松材线虫雄性

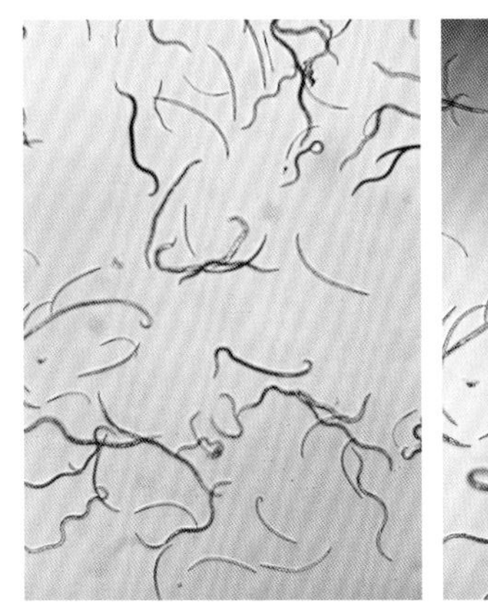
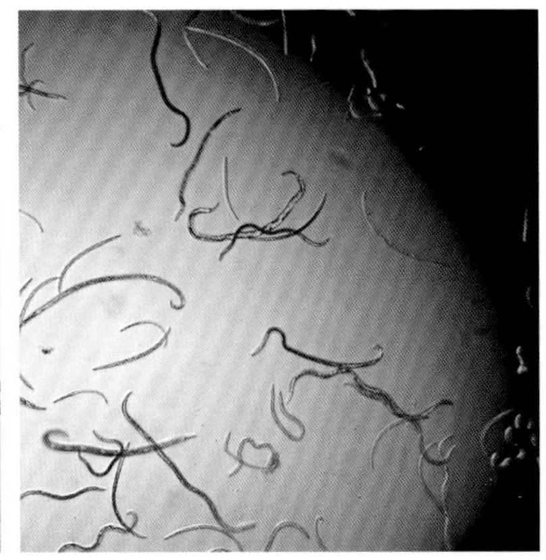

图 1-4　松材线虫

三、传播媒介

我国南方地区传播媒介昆虫是松墨天牛。松墨天牛（*Monochamus alternatus* Hope），属天牛科（Cermbycidae）墨天牛属（*Monochamus*），是松材线虫病的主要传播媒介，也是松树的重要蛀干害虫（图 1–5）。

图 1–5　松墨天牛成虫、蛹、幼虫

成虫（图 1–6）：体长 15~35mm，宽 4.5~9.5mm，棕褐色。每个鞘翅上有 5 条纵纹，由方形或长方形黑色及灰白色绒毛斑点相间组成。头部额区刻点细密，口器为下口式，触角栗色或棕褐色，雄虫触角比雌虫长。第三节比柄节长约 1 倍，并略长于第四节，柄节上具封闭式端疤。雄虫第一、第二节全部及第三节基半部，具稀疏的灰白色绒毛，

图 1-6　松墨天牛成虫

触角全长超过体长的1.5倍。雌虫除末端一、二节外，其余各节除端处留有深色环以外，均具稀疏的灰白色绒毛，触角长度近似于体长或仅超过体长的1/3。前胸宽于长，刻点粗糙，中瘤不显著，两侧具一对较大的刺突。前胸背板上有两条明显的橙黄色纵带与3条黑褐色纵带间隔排列。前足基节窝为封闭式，中足胫节处侧缘端处具一斜沟。小盾片上密被橙黄色绒毛。翅基部有颗粒状突起和粗大的刻点。

幼虫（图1–7）：体乳白色，老龄幼虫体长40~45mm，扁圆筒形。头部黑褐色，其长宽比为

图1–7　松墨天牛幼虫

1∶1.3，头盖侧叶缘前半部近似平行，后半部侧缘向后逐渐变狭，后缘呈圆弧形，中内处呈浅弯。具单眼一对，无胸足，腹足退化，中胸的一对气门较大，各腹节的气门为椭圆形，长度是中胸气门的一半。

在我国华南地区一年发生1~2代，幼虫共5龄，1龄幼虫在树皮内侧取食，2龄在边材表面取食，3~4龄期幼虫向木质部内取食，侵入木质部后向上或向下钻蛀纵坑道，以老熟幼虫在木质部坑道中越冬，幼虫期200多天。翌年3月下旬或4月上旬，越冬幼虫开始在虫道末端蛹室中化蛹（图1–8）。蛹历期12~20天。4月中旬成虫开始羽化，成虫羽化后，经6~8天从木质部内咬出羽化孔外出，时间多在傍晚和夜间。雌成虫寿命35~66天，雄成虫寿命42~98天。成虫羽化后活动分3个时期，

图1–8　松墨天牛蛹

即移动分散期、补充营养期和产卵期。补充营养时，主要在松树树干和1~2年生嫩枝上，成虫尤其喜欢取食2年生枝。补充营养后飞至衰弱木上产卵，雌虫产卵前在树干上咬刻槽，然后将产卵管从刻槽伸入树皮下产卵，交尾和产卵都在夜晚进行，雌虫一生可产卵100~200粒。

四、松材线虫病发生与传播

松材线虫通过松墨天牛补充营养过程的取食伤口进入木质部，寄生在树脂道中。松材线虫繁殖时同时在扩散，逐渐遍及全株，并导致树脂道薄壁细胞和上皮细胞的破坏和死亡，植株失水，蒸腾作用降低，树脂分泌急剧减少和停止。所表现出来的外部症状是针叶陆续变为黄褐色乃至红褐色，萎蔫，最后整株枯死。

松材线虫［*Bursaphelenchus xylophilus* (Steiner & Buhrer) Nickle］起源于北美，松材线虫病于1905年首次在日本被发现，目前主要分布于北美洲、东亚和欧洲的部分地区。我国自1982年在南京首次发现该病以来，仅10多年间相继在江苏、安徽、浙江、广东、山东、台湾、香港等地局部地区发生，2009 年扩散到河南、陕西，2016 年扩散到辽宁，导致大量松树枯死。截至 2019 年，该病害在我国 18 个省（区、市）588 个县级行政区发生面积 974 万亩（1 亩 ≈667m^2，15 亩 = 1hm^2），呈现向西、向北快速扩散态势，最西端达四川省凉山彝族自治州，最北端已在辽宁抚顺的多个县区，并已入侵多个国家级风景名胜区和重点生态区（图 1–9）。

松材线虫在我国的适生范围广，适生程度高，全国除黑龙江、吉林省无适生区外，其余各省（区、市）均有适生区域，其中约 2/3 的适生区为高度适生区，覆盖整个南方地区，分布北界达内蒙古通辽地区，西至西藏的日喀则地区；进一步结合英国气候变化研究中心提供的气候变暖情境下未来气候模拟数据 TYNSC2.0，利用 CLIMEX 软件预测出未来 30 年（2010—2039 年）松材线虫在我国的潜在适生区，结果发现同历史气候条件下相比，未来 30 年松材线虫在我国的适生分布区呈现范围将增加，适生程度将增加，有向北扩散的趋势，其中分布北界将到达吉林省西部（图 1–10）。

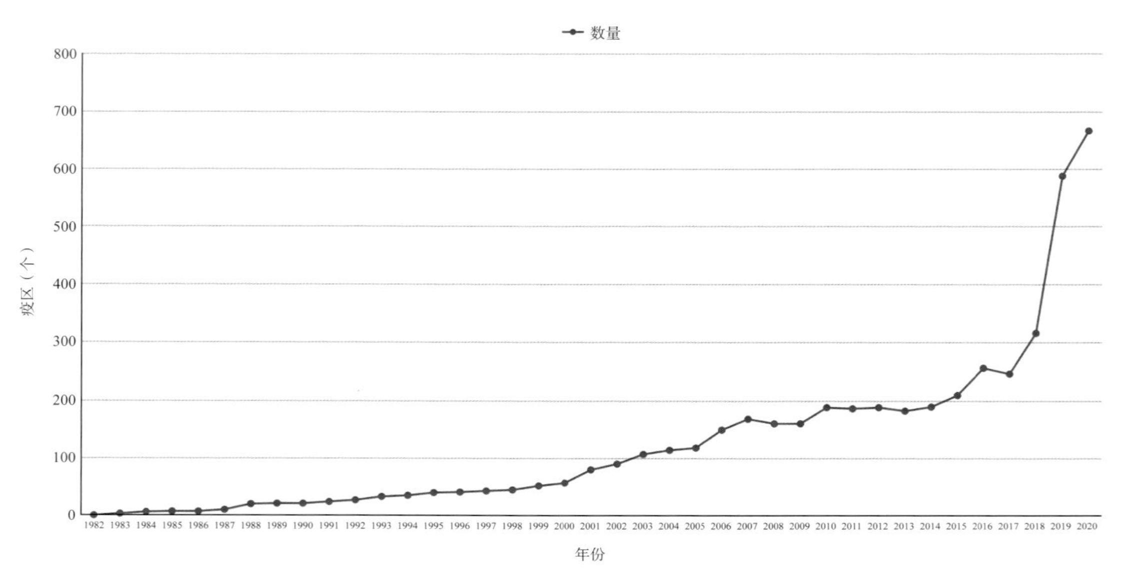

图 1-9 不同年份疫区数量变化趋势

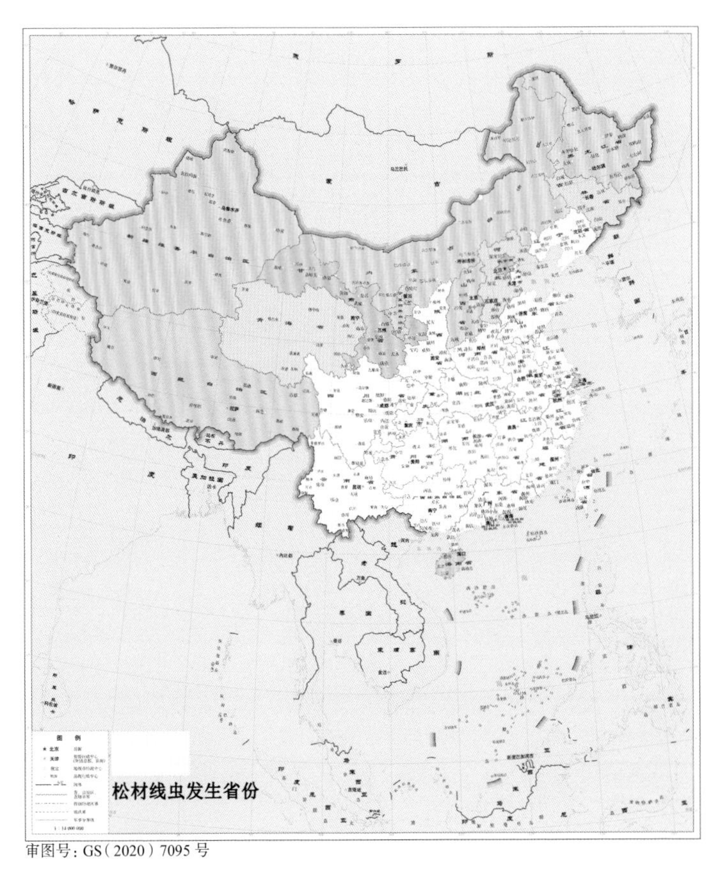

审图号：GS（2020）7095 号

图 1–10　中国松材线虫病发生省份示意图

第二章

松材线虫病监测

一、日常监测

（一）监测范围

辖区内所有松树，重点是电网和通信线路的架设沿线，通信基站、公路、铁路、水电等建设工程施工区域附近，木材集散地周边，景区，以及疫区毗邻地区的松树。

（二）监测时间

定期巡查辖区内松树，每月至少一次。

（三）监测内容

调查是否出现松树枯死、松针变色等异常情况，取样鉴定是否发生松材线虫病。

（四）监测方法

1. 踏查

根据当地松林分布状况，设计可观察全部林分的踏查路线。采取目测或者使用望远镜等方法观测，沿踏查路线调查有无枯死松树，或者出现针叶褪色、黄化、枯萎以及呈红褐色等松针变色症状的松树。一旦发现松树枯死、松针变色等异常情况，应当立即进行取样鉴定，确认是否感染松材线虫病。一旦确认感染松材线虫病，应当立即进行详查。

2. 遥感调查

采取航空航天遥感技术手段对大面积松林进行监测调查，一旦发现松树枯死、松针变色等异常情况，根据遥感图像的卫星定位信息，开展人工地面调查和取样鉴定，确认是否感染松材线虫病（图 2–1）。一旦确认感染松材线虫病，应当立即进行详查。

3. 诱捕器调查

适用于松材线虫病非发生区林分的监测，严禁在疫情非发生区和发生区的交界区域使用。在媒介昆虫羽化期设置诱捕器引诱媒介昆虫，将诱捕到的媒介昆虫成虫活体在室内剪碎后进行分离鉴定（或者经过培养后鉴定），确认是否携带松材线虫。一旦发现携带松材线虫，应当立即对设置诱捕器的林分及周边林分进行详查。

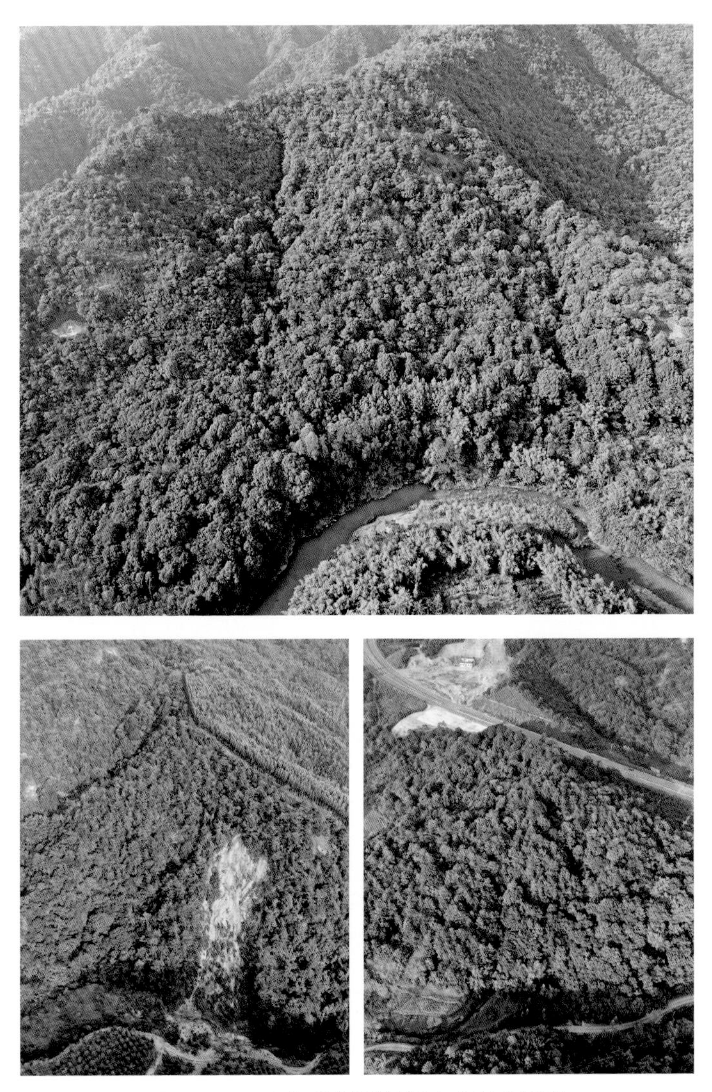

图 2-1 无人机监测松材线虫病发生情况

4. 详查

详细调查疫情发生地点、寄主种类、发生面积（以小班为单位统计，不能以小班统计发生面积的以实际发生面积统计，四旁松树的发生面积以折算方式统计）、病死松树数量、林分状况，以及传入途径和方式等情况，并对病死松树进行精准定位，绘制疫情分布示意图和疫情小班详图。调查病死树数量时，需将疫情发生小班内的枯死松树、濒死松树一并纳入病死松树进行调查和统计。

二、专项普查

（一）普查范围

辖区内所有松树。

（二）普查时间

每年两次。一般于每年 3—6 月进行春季普查，8—10 月进行秋季普查。

（三）普查内容

调查辖区内所有松树是否出现枯死、松针变色等异常情况。

（四）普查方法

同日常监测方法。其中，对已确认发生疫情的小班，直接进行详查。

三、取样

（一）取样对象

抽取尚未完全枯死或者刚枯死的松树，不应当抽取针叶已全部脱落、材质已腐朽的枯死树。可参照以下特征选择取样松树。

针叶呈现红褐色、黄褐色的松树；

整株萎蔫、枯死或者部分枝条萎蔫、枯死，但针叶下垂、不脱落的松树；

树干部有松墨天牛等媒介昆虫的产卵刻槽、侵入孔的松树；

树干部松脂渗出少或者无松脂渗出的松树。

（二）取样部位

一般在树干下部（胸高处）、上部（主干与主侧枝交界处）、中部（上、下部之间）3 个部位取样。其中，对于仅部分枝条表现症状的，在树干上部和死亡枝条上取样。对于树干内发现媒介昆虫虫蛹的，优先在蛹室周围取样（图 2–2）。

图 2–2　松材线虫病野外监测踏查取样

（三）取样方法

在取样部位剥净树皮，用砍刀或者斧头直接砍取 100~200g 木片；或者剥净树皮，从木质部表面至髓心钻取 100~200g 木屑；或者将枯死松树伐倒，在取样部位分别截取 2cm 厚的圆盘。所取样品应当及时贴上标签，标明样品号、取样地点（需标明地理坐标）、树种、树龄、取样部位、取样时间和取样人等信息。

（四）取样数量

对需调查疫情发生情况的小班进行取样时，总数 10 株以下的要全部取样；总数 10 株以上的先抽取 10 株进行取样检测，如没有检测到松材线虫，应当继续取样检测，直至全部取样检测为止。

（五）样品的保存与处理

采集的样品应当及时分离鉴定，样品分离鉴定后须及时销毁。样品若需短期保存，可将样品装入塑料袋内，扎紧袋口，在袋上扎若干小孔（若为木段或者圆盘无需装入塑料袋），放入 4℃冰箱。若需较长时间保存，要定期在样品上喷水保湿，保存时间不宜超过 1 个月。

四、分离鉴定

（一）分离

采用贝尔曼漏斗法或者浅盘法分离松材线虫，分离时间一般需 12h 以上。将分离液体收集到试管或者烧杯中，通过自然沉淀或者使用离心机处理后进行鉴定（图 2–3）。

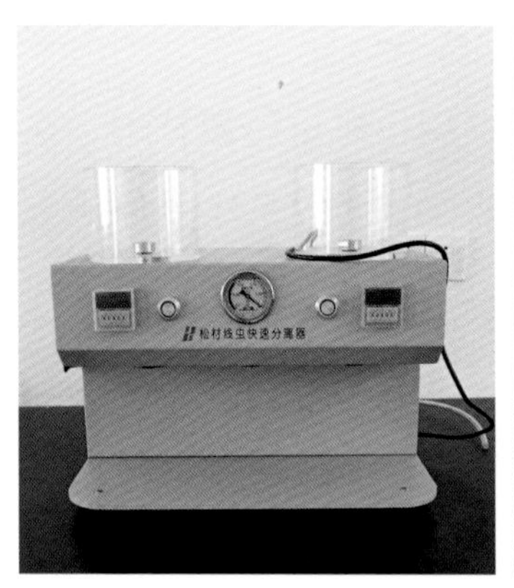

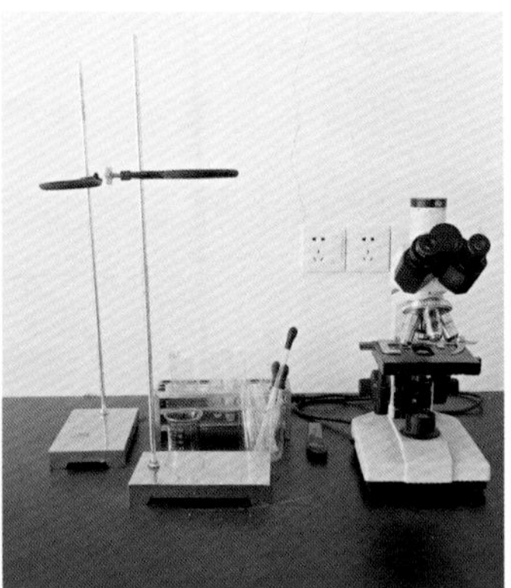

图 2–3　松材线虫分离及鉴定设备

贝尔曼漏斗法：在口径为 20cm 的漏斗末端接一段橡皮管，在橡皮管后端用弹簧夹夹紧，在漏斗内放置一层铁丝网，其上放置两层纱网，并在上面放一层线虫滤纸，把疫木材料或样品放置在滤纸上，加超纯水至浸没样品。置于20℃室温条件下分离24~48h，打开夹子，放出橡皮管内的水于小烧杯中，然后经过筛网过筛，到生物显微镜下观察。

浅盘漏斗法也是改进的贝尔曼漏斗法，是把样品放在铺有两层面巾纸或者纱布的小筛盘中，然后把小筛盘放入装满水的漏斗中，其他步骤同贝尔曼漏斗法。小筛盘直径比漏斗直径小2~3cm，深度为2cm。改进的贝尔曼漏斗法增加了疫木样品与水的接触面积和透气性，因而分离效率比贝尔曼漏斗法好，在生产实践中应用广泛。

（二）鉴定

1. 常规显微镜形态鉴定

仅适用于雌雄成虫，以雌成虫为主。将制作好的玻片置于显微镜下观察其形态，判别是否为松材线虫。若分离的线虫为幼虫，需培养至成虫后进行鉴定。

先在低倍显微镜下观察，看到线虫后，调到高倍显微镜下进一步观察，镜下能清晰地看到线虫的口针、中食道球、雄性生殖器。如果没有口针，说明是腐生线虫。如果有口针、中食道球、雄性生殖器（弓形），说明有可能是松材线虫或拟松材线虫，需进一步观察。通常显微镜下都能观察到腐生线虫、幼虫（看不到生殖器）、少量成虫。在高倍显微镜下，看到的松材线虫或拟松材线虫雄成虫尾部呈鱼钩状，雌成虫的虫体接近直线，在尾部1/4~1/3（阴门处）略弯曲。松材线虫和拟松材线虫雄成虫在形态上几乎完全相同，因此，在做形态鉴定时应重点观察雌虫。在高倍显微镜下观察雌成虫，如果没有阴门盖，就可以排除松材线虫；如果有阴门盖，则是松材线虫或拟松材线虫。最后观察线虫的尾部，拟松材线虫都有尾突，且长度超过2μm，松材线虫则短于2μm。实际操作过程中，这一特征很难把握。在松材线虫雌性群体中，有很大一部分个体尾部呈指圆形，其尾突自然就小于2μm。在高倍镜下看到有阴门盖，并且尾部呈指圆形的雌成虫，就可以确定为松材线虫。最后，对观察结果拍摄高清照片，存档。

2. 分子检测（适用于各虫态）

采用 PCR 检测技术判别是否为松材线虫。松材线虫分离、培养、检测鉴定的具体方法可参照国家标准《松材线虫病检疫技术规程》（GB/T 23476—2009）进行（图 2–4）。

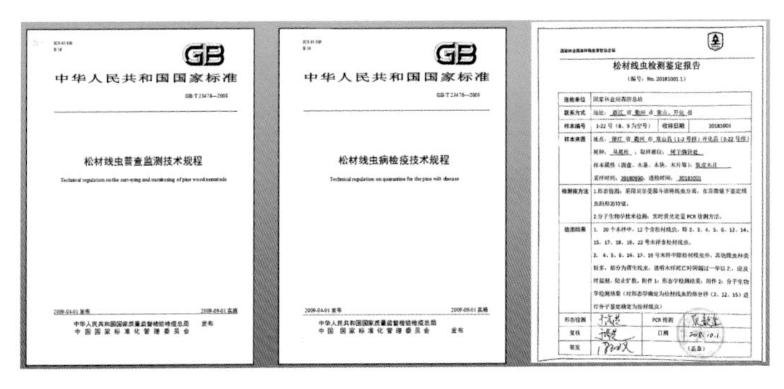
GB
中华人民共和国国家标准
松材线虫普查监测技术规程
Technical regulation on the surveying and monitoring of pine wood nematode
2009-04-01 发布　2009-09-01 实施
中华人民共和国国家质量监督检验检疫总局　中国国家标准化管理委员会　发布

GB
中华人民共和国国家标准
GB/T 23476—2009
松材线虫病检疫技术规程
Technical regulation on quarantine for the pine wilt disease
2009-04-01 发布　2009-09-01 实施
中华人民共和国国家质量监督检验检疫总局　中国国家标准化管理委员会　发布

松材线虫检测鉴定报告
（编号：No. 20181001.1）

图 2–4　松材线虫病检疫技术规程及检测报告

五、疫情确认

（一）首次发现疑似松材线虫疫情的省级行政区

应当在初检的基础上将样品选送至国家林业和草原局森林和草原病虫害防治总站、全国危险性林业有害生物检验鉴定技术培训中心、国家林业和草原局林业有害生物检验鉴定中心等国家级检测鉴定中心进行检测鉴定。

（二）已发生松材线虫病疫情的省级行政区

其辖区内新发的县级和乡镇级疫情由省级林业和草原主管部门确定的省级检测鉴定机构进行检测鉴定。

六、疫情报告

（一）新发疫情报告

经检测鉴定确认的新发松材线虫病疫情，当地林业主管部门应当按照有关规定于 5 个工作日内，将疫情发生地点、寄主种类、发生面积、病死松树数量等情况同时报告上级林业主管部门和当地人民政府，并在 10 个工作日内由省级林业主管部门将疫情上报至国家林业和草原局（抄报国家林业和草原局森林和草原病虫害防治总站）。

（二）月报告

地方各级林业有害生物防治机构每月底通过林业有害生物防治信息管理系统逐级报送至省级林业有害生物防治机构，省级林业有害生物防治机构汇总后向国家林业和草原局森林和草原病虫害防治总站报告松材线虫病疫情监测结果。

（三）普查结果报告

地方各级林业主管部门逐级以正式文件向省级林业主管部门报送春季和秋季普查报告，省级林业主管部门于每年 7 月和 11 月前，将春季和秋季普查报告上报国家林业和草原局。

第三章

松材线虫病疫情防治

一、总体要求

松材线虫病疫情防治采取以清理病死（枯死、濒死）松树为核心措施，以媒介昆虫地面药剂防治、飞机喷药防治、打孔注药等为辅助措施的综合防治策略，坚持科学严格管用的治理思路，科学制订疫情防治方案，落实防治目标任务；按照保成效、低风险、控成本的原则，精准选用相关辅助防治技术；加强检疫执法，强化检疫封锁，严查违法违规行为；严格疫木源头管理，实施采伐疫木山场就地粉碎（削片）或者烧毁措施，做到严格监管和及时处置，严防疫木流失，严防疫情扩散，确保防治成效。

二、防治方案制订

县级疫情发生区的松材线虫病防治方案由县级人民政府组织制订，经省级林业和草原主管部门审定并备案后组织实施。

县级疫情发生区应当根据本省级、市级松材线虫病防治方案或者总体规划，结合本县级行政区松材线虫病发生为害情况，以及森林资源、地理位

置、林分用途等情况，科学制订防治方案。

防治方案实施前，县级林业和草原主管部门应当根据防治方案组织编制作业设计或防治实施方案。作业设计或实施方案要将防治范围、面积、技术措施和施工作业量落实到小班，并绘制发生分布图、施工作业图表和文字说明。

三、疫木除治

（一）择伐

指对松材线虫病疫情发生小班及其周边松林中的病死（枯死、濒死）松树进行采伐的方式。

适用范围：适用于所有疫情发生林分。

作业要求：在冬春媒介昆虫非羽化期内集中对疫情发生小班内的所有病死（枯死、濒死）松树进行采伐。可根据疫情防治需要将择伐范围从疫情发生小班边缘向外延伸 2 000m，延伸范围内的择伐对象只限于枯死、濒死松树。择伐后应当对采伐迹地上直径超过 1cm 的枝丫进行全部清理，择伐的松木和清理的枝丫应当在山场就地全部粉碎（削片）或者烧毁，实行全过程现场监管。媒介昆虫羽化期早于3月底的，必须在3月底前完成除治性采伐任务，并按照当日采伐当日山场就地处置的要求进行除治。

（二）皆伐

指对松材线虫病疫情发生的纯松林小班的松树进行全部采伐或非纯松林小班采取间伐松树，保留其他树种的方式。

适用范围：原则上不采取皆伐。对发生面积在100亩以下且当年能够实现无疫情的孤立疫点，可采取皆伐措施，并及时进行造林。

作业要求：在冬春媒介昆虫非羽化期内集中进行。媒介昆虫羽化期早于3月底的，必须在3月底前完成除治任务，并按照当日采伐当日山场就地处置的要求进行除治。皆伐后应当对采伐迹地上直径超过1cm的枝丫进行全部清理，皆伐的松木和清理的枝丫应当在山场就地全部粉碎（削片）或者烧毁，实行全过程现场监管。

（三）伐桩处理

伐桩高度不得超过5cm。疫木伐除后，在伐桩上放置磷化铝1~2粒，用1mm以上厚度的塑料薄膜覆盖，并用土四周压实塑料薄膜（使用该方法处理期间的最低气温不低于 10℃）；也可采取挖出后粉碎（削片）或者烧毁，以及使用钢丝网罩（钢丝直径≥ 0.12mm，网目数≥ 8 目）等方式处理（图 3–1）。

图 3–1　疫木伐桩处理

四、疫木处理

（一）粉碎（削片）处理

适用范围：适用于择伐、皆伐以及查获疫木的处理。

处理方法：使用粉碎（削片）机对疫木进行粉碎（削片），粉碎物粒径不超过 1cm（削片厚度不超过 0.6cm）。疫木粉碎（削片）处理应当全过程摄像并存档备查。疫木粉碎（削片）物可在本省（区、市）范围内用于制作纤维板、刨花板、颗粒燃料，以及造纸、制炭等（图 3–2）。

图 3–2　疫木粉碎处理

（二）烧毁处理

适用范围：适用于疫木数量少且不具备粉碎（削片）条件的疫情除治区。

处理方法：就近选取用火安全的空地对采伐下的疫木、1cm 以上的枝丫全部进行烧毁。疫木和枝丫的烧毁处理应当全过程摄像并存档备查（图 3–3）。疫木销毁处理要特别注意野外用火安全，生火尽量在背风处，附近所有可能燃烧的材料都必须移开，处理过程要全程派人看护，要确保所有的火苗与火星都已经弄灭变冷才可以离开。

图 3–3　焚烧疫木

（三）钢丝网罩处理

适用范围：原则上不使用。对于山高坡陡、不通道路、人迹罕至，且疫木不能采取粉碎（削片）、烧毁等处理措施的特殊地点，可使用钢丝网罩进行就地处理。除上述情况外，严禁使用。

图 3-4　疫木钢丝网套处理

处理方法：使用钢丝直径≥ 0.12mm，网目数≥ 8 目的钢丝网罩包裹疫木，并进行锁边（图 3–4）。

五、媒介昆虫防治

（一）飞机防治

飞机喷洒药剂防治林木病虫害，是近年来兴起的应用越来越广泛的一种病虫害防治手段。飞机防治操作成本低、操作难度小、灵活度强，适用于大面积作业，可因地制宜进行。相比人工地面防治作业，可显著降低人工成本、提高工作效率、增强防治效果，而且低剂量喷雾防治技术具有低空喷洒施药高效安全、药液雾滴覆盖度高、省时省力等优点。

一是科学规划防治区域

1. 确定飞防地点、面积

（1）一般选择松材线虫病连片发生、病死树数量较多、山高路远人工清理病死树困难的地区作为飞防区。

（2）县与县、市与市防区相互连接或尽量靠近。

（3）坚持防治区域多年（至少 3 年）相对固定。

（4）避开敏感区域（桑蚕养殖地等）。

（5）经实地调查后，在林班图上勾画出范围或具体小班，并测算飞防面积（图 3–5）。

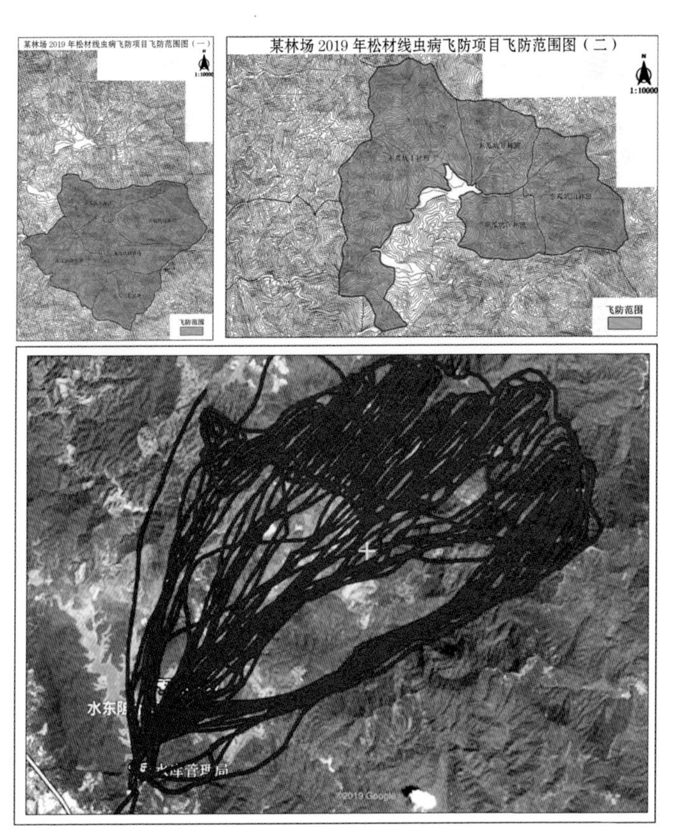

图 3–5　飞防区域规划及飞行轨迹

2. 确定飞防次数和时间

飞防 1 次：4 月底至 5 月中旬；

飞防2次：4月中下旬和5月中下旬各一次。

3. 飞防作业技术指标

飞防作业技术指标分为基本指标和质量指标两个方面。

基本指标包括飞防地点、面积、时间，药剂种类、有效成分含量、剂型、配比、沉降剂、喷洒量。飞防作业开始前应根据监测的结果确定飞防的地点，运用GIS等软件勾画出飞防面积，确定作业的时间。采购飞防用化学药剂，比如2%或3%噻虫啉微胶囊悬浮剂（80mL，兑水6倍，≥480mL/亩）或者8%氯氰菊酯（绿色威雷，150倍液，80mL/亩）。对药剂进行现场直接检查或委托第三方抽样检查，以保证化学药剂的质量（图3-6、图3-7）。

图3-6 飞防作业的准备

图 3–7　飞防作业

质量指标包括有效喷幅、雾滴大小、雾滴覆盖密度、雾滴发布均匀度、回收率、漏喷率。飞防作业高度要求一般距离树顶≤ 15m（地形复杂地区例外），飞防作业速度不宜过快，一般为直升机巡航速度为 90~110km/h，运五等固定翼飞机巡航速度为 180km/h。飞防过程中，雾滴覆盖密度为≥ 5 个 /cm^2（噻虫啉）或者 32.1/cm^2（绿色威雷），雾滴分布均匀度要求雾滴覆盖密度变异系数≤ 70%。

在实践操作中，也可以根据飞防项目的承包性质设定相关的质量指标。

4. 飞防作业质量检查

现场直接检查：进货渠道正当可靠（厂家或代理商等）、三证齐全、包装全新完好，也可委托第三方抽样检验。检验的项目如下。

（1）飞防地点、面积和作业时间：飞防作业开始前是否根据监测的结果确定了飞防地点，勾画出了飞防面积，确定了作业的时间。

（2）药剂：种类（噻虫啉或绿色威雷）；剂型（2% 微胶囊悬浮剂或 8% 氯氰菊酯）；是否在有效期内。

（3）沉降剂：是否添加（尿素或盐）。

（4）飞防作业的高度：是否距离树顶≤ 15m。

（5）每架次载药量：是否测量药箱和配药桶体积，计算每架次载药量。

（6）飞防架次：根据飞行架次、每架次用药量和飞防区面积测算喷洒量是否达标；或根据飞防区面积和每亩用药量测算应使用的总药量，比对实际用药量，检查总用药量是否达标；或根据用药总量和每亩用药量测算飞防作业面积是否达标。

5. 雾滴覆盖密度、雾滴分布均匀度

进行现场试喷，测量流量，以防区为单位，每个防区设20~30块氧化镁玻片或红色卡纸，均匀放置在防区外缘和防区内空地上，若有障碍物时，采样片应置于高出障碍物的支架上。飞行作业30min后，收集采样片，用放大镜或显微镜检查雾滴数。（也可用水敏纸，软件自动判别）

同时根据上述结果计算雾滴覆盖度变异系数，确定雾滴分布均匀度，<70%为合格（图3–8、图3–9）。

图3–8　玻片和虫笼布置

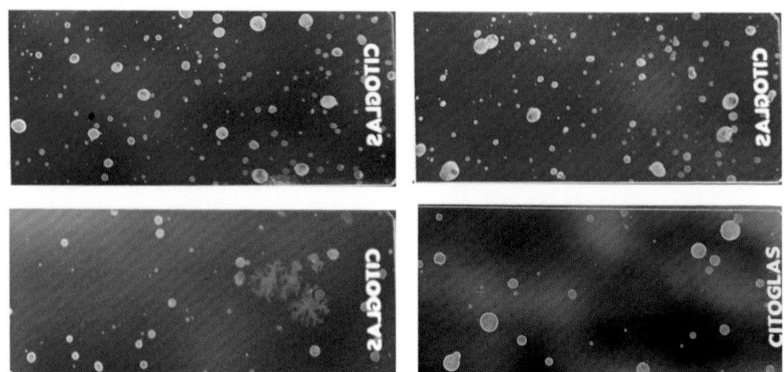

图 3-9　玻片雾滴

6. 漏喷率

查看飞防作业航迹图检查是否存在错喷或漏喷。漏喷率实际工作中一般要求应 <5%。

（1）最外侧航迹是否与飞防区边界重合。

（2）航迹间宽度是否超过有效喷幅。

（3）雾滴覆盖密度是否达标。

7. 松墨天牛即时死亡率

图 3-10　林间测试飞防药剂杀虫

采用悬挂铁笼法，一般要求 3 天松墨天牛死亡率≥ 75%，7 天松墨天牛死亡率≥ 85%（图 3-10）。

8. 松墨天牛虫口减退率

虫口减退率（%）=[（防治前活虫数－防治后活虫数）/ 防治前活虫数]×100。

校正虫口减退率（%）=[（作业区虫口减退率－对照区虫口自然减退率）/（100－对照区虫口自然减退率）]×100，一定要设对照。

直接用防区内飞防前 15 天诱集到的松墨天牛数量与飞防后 15 天诱集到的松墨天牛数量计算虫口减退率并不科学。因为，羽化期内林间松墨天牛的种群数量自然变化很大。

检查方法如下。

（1）林间铺设薄膜收集死亡松墨天牛（3~5 天检查一次，至 15 天）。

（2）设置诱捕器诱捕松墨天牛（15 天）。

（3）毒枝条喂养松墨天牛（15 天）。

（4）林间挂虫（15 天）。

9. 病死树减少率（病死树率）

秋季或第二年调查飞防区和对照区病死树数量，计算病死树减少率（防治效果检查时间太长，不利于经费结算）。

病死树减少率 = 对照区病死树率 – 飞防区病死树率。也可直接用病死树率表示防治效果。

二是注意飞防作业气象条件与安全

飞防为特种作业，安全工作要放在第一位，首先要有适合飞机飞行的气象条件，风速 ≤ 5m/s、气温 ＞ 20℃、能见度 ＞ 5km、无浮尘、无扬沙，无沙尘暴，为保证飞防效果，喷药后 3h 无降雨。

根据《中华人民共和国民用航空法》相关规定，飞机的安全由机长负责，飞机必须按照空中交通管制部门指定的航路和飞行高度飞行，除按照国家规定经特别批准外，不得飞入禁区和限制区。

为保证飞防的安全，林业部门要通过发通告、传单、会议的形式广泛宣传告知飞防区域群众做好防护，以避免不必要的损失。如飞防当天要求蜂农关箱禁止放飞蜜蜂，飞防区图标明高压线、通信台塔、高大建筑物等，主动规避桑蚕养殖禁飞区，回避不适合的飞行气象条件。同时做好应急预案，如发生人畜中毒事件，飞机飞行意外事故等。

（二）诱捕器诱杀防治

在疫区设置诱捕器，利用内装引诱剂诱捕媒介

昆虫（图 3–11）。利用诱捕器来诱杀松墨天牛，可以减少松墨天牛成虫数量，降低松墨天牛传播松材

图 3–11　诱捕器防治

线虫病的机会，所以挂设诱捕器是为松林资源提供有力的保障措施之一。适用于松材线虫病疫情发生林分的中心区域且媒介昆虫虫口密度较高的松林，一般 150m 左右设一个。诱捕器具有针对性强，无需人工的优点，但使用不当会引起松材线虫病交叉感染，不能在发生区与非发生区边界使用。

1. 防治区布局

选择松材线虫病集中连片发生的区域做为防治区。诱捕器原则上只在发病小班使用。非松材线虫病发生区可优先考虑重点预防区及天牛密度大的林分。防治区域应尽量选择交通便利的地方。缺点：使用不当会引起松材线虫病扩散，严禁在疫情发生区和非发生区交界区域使用。疫点边缘发病小班周边 2km 范围内禁止开展引诱防治，特别是与疫区发病小班毗邻的非疫情区县、乡镇，严禁设置诱捕点。

2. 诱捕器挂放

（1）布点要求。松材线虫病发生林分平均 50 亩挂一个诱捕器（相邻诱捕器间距约 150m），非发生区可 100 亩挂一个诱捕器（相邻诱捕器间距约

300m）。面积小的孤立小班，应尽量挂在林分中心位置。皆伐疫点小班，在皆伐迹地内、距周边松林100m左右布设诱捕器。诱捕器挂放后需测定经纬度、填写基本情况表，并在1∶10 000林相图上标注位置。诱捕器以乡镇（林场）为单位编号，每个诱捕器设置后编号也随之固定，不得随意变动。

（2）挂放要求。用铁线穿过诱捕器顶罩中央金属圈，借用松树枝条或木棍垂直悬挂在林地当中，诱捕器悬挂后应固定稳当，避免掉落。诱捕器悬挂高度以其最底部距离地面不少于1.5m为标准，尽量悬挂在林间开阔、通风良好地带，山脊或林缘。在林中呈三角状或网格状布置。诱捕器悬挂后，挂上诱芯或瓶装诱剂。诱捕工作结束后，应及时回收诱捕器，妥善存放。

3. 诱芯更换、观测记录及收天牛

按诱芯（剂）使用说明书的要求更换，制定《诱芯（剂）更换时间表》，严格按照《诱芯（剂）更换时间表》规定的间隔时间更换诱芯，前后浮动时间不超过1天。每次更换诱芯（剂）时，需检查每一个诱捕器运行是否正常，外观有无损毁，如有

损毁应及时报告，尽快更换，清查集虫瓶内的天牛数量，填写《诱捕情况检查记录表》（监测用的计数量，但防治用的不必计数量）。每次更换诱芯（剂）将收集到的天牛全部回收，野外可携带清洁的塑料桶，放入适量工业酒精，用于临时存放诱捕到的天牛，收集到的天牛可以抽样进行检测，观察是否携带松材线虫，其余的就地处死。

4. 注意事项

加强安全防范，特别是在使用梯子、更换诱芯（剂）过程中要注意人身安全；野外使用酒精浸泡天牛要注意森林防火安全；更换诱芯（剂）时，要将撕去的外包装和旧诱芯（剂）带离林内，不得随意丢弃，或者就地掩埋；注意天牛羽化的开始时间，诱捕器布设工作务必在 3 月 30 日天牛羽化初期前全部挂放到位。诱芯（剂）更换要及时、到位。要记录各项原始记录、图片和影像资料等，以备工作检查和存档。

（三）打孔注药

打孔注药适用于古树名木以及公园、景区、寺庙等区域内需要重点保护的松树（图 3–12）。使用

图 3-12　树干打孔注药

生物杀线剂：阿维菌素、甲维盐等。

树干使用生物杀线剂后，药剂随树木蒸腾液流经木质部传导，并在树体各部形成分布。可杀死已传入松树体内的松材线虫，抑制松材线虫在树体内的繁殖，保证松树健康。同时可杀死松树内的天牛幼虫，有效降低林间松墨天牛种群密度，降低松材线虫病传播概率。

树干注药器，借鉴人体打吊针输液原理，依据流体力学理论和植物体内液流传导规律。使用时，在松树基部斜向下45°方向打一直径4mm、深5cm的小孔；用刀片斜切注药嘴，用大头针扎透盲孔，再将注药嘴插入打好的小孔中。药液自流进入树干，储液瓶中压力随药液的流出减小，在压差作用下，空气从盲孔处进入，使储液瓶中压力维持在稳定的水平，从而达到药液注入速度和树体吸收速度的一致，有效防止药液外流。

施药时间，当年12月至翌年2月前，日最高气温在10℃内，效果最佳。如气温在10℃以上，松树分泌树脂会堵塞注药孔，影响防治质量。该项技术可在1~2年内防止死树，1~2年后要重新注药以维持树体内一定的药剂浓度。

（四）天敌防治

天敌防治可作为松材线虫病预防区内控制媒介昆虫种群密度的辅助措施使用。请注意，天敌生物防治不能替代其他的防治措施。目前，在松材线虫病的天敌生物防治方面实际应用的技术主要有释放肿腿蜂（图3–13）和花绒寄甲（图3–14）来防治松墨天牛。

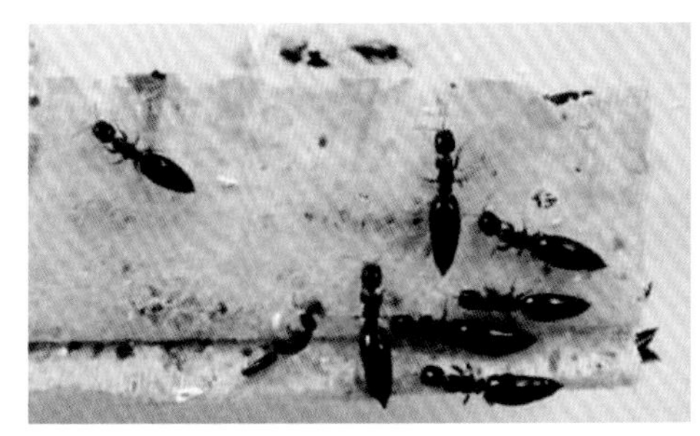
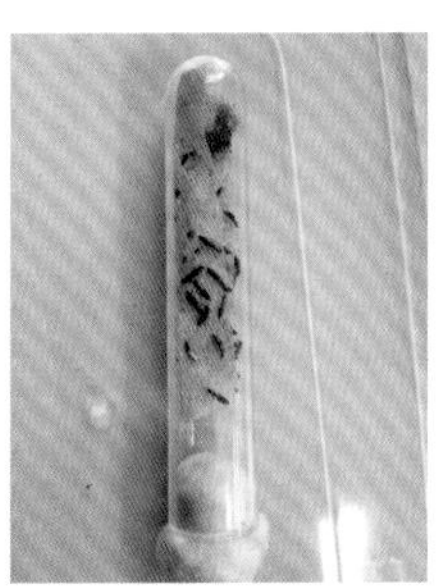

图 3-13　肿腿蜂

花绒寄甲成虫

花绒寄甲寄生蛹

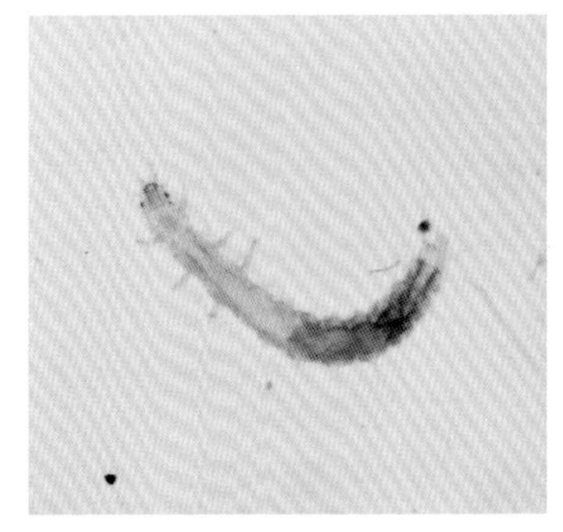

花绒寄甲一龄幼虫

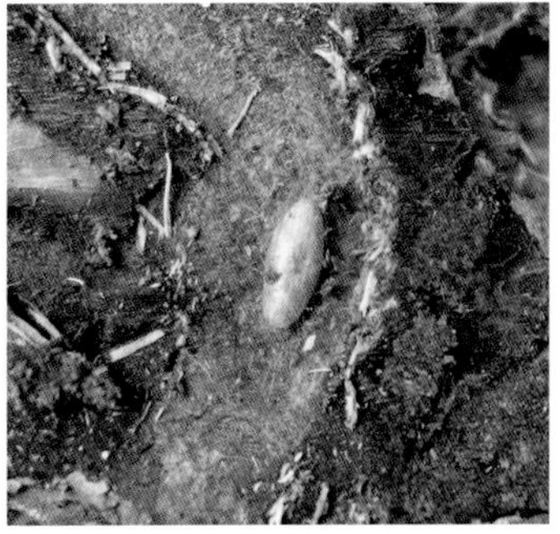

花绒寄甲茧

图 3-14　花绒寄甲

花绒寄甲幼虫

花绒寄甲幼虫取食

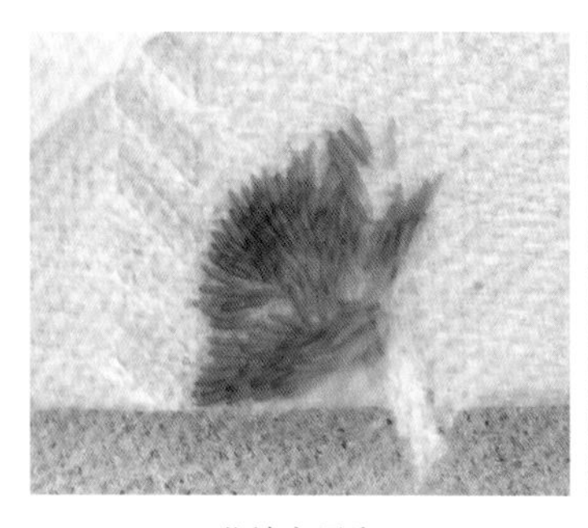
花绒寄甲卵

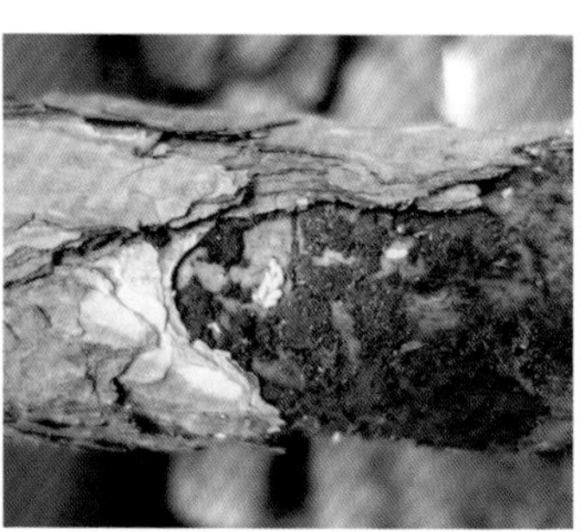
花绒寄甲茧

花绒寄甲寄生

图 3-14　花绒寄甲（续）

1. 肿腿蜂释放技术

放蜂时间：

（1）人工释放肿腿蜂时间应掌握在松墨天牛的1~3龄幼虫期进行。

（2）日平均气温达到25~35℃时，寄生率较高。

（3）一般在上午9~10时开始为宜。

放蜂方法：放蜂量按平均40头/亩进行释放，通常采用逐株释放法，将指形管中的棉球拔出，把指形管套在细树枝上或卡在树杈上即可。每只指形管平均有100多头肿腿蜂。如果单株放蜂量少时，可根据单株需要的量，用手指或细棍轻轻地将蜂磕到树干基部即可。

防治效果调查：由于肿腿蜂30天左右便可繁殖一代，所以，在放蜂后20~30天便可调查寄生情况。此时，子代的肿腿蜂为幼虫或蛹期，便于调查。如果超过30天，子代蜂则可能变为成虫而散去。

2. 花绒寄甲释放技术

释放时间：针对松墨天牛的幼虫，可释放花绒寄甲幼虫和成虫进行防治；当日平均气温达到25℃以上时，寄生率较高；一般在傍晚时释放为宜。

释放量：花绒寄甲卵按照平均1 200粒/亩（5个卵卡）释放，花绒寄甲成虫按照平均8头/亩（1管）释放。

释放方法：花绒寄甲卵卡释放：用图钉将卵卡固定在有天牛产卵的刻槽处即可；花绒寄甲成虫释放：用细棍轻轻地将花绒寄甲磕到树干上即可，最好成对释放。

与化学防治相比，生物防治具有保护和改善生态环境，不污染环境，对人、畜安全等优势，但也存在很多缺点，如释放数量数不清，行政主管部门难检查考核工作量；野外环境复杂，天敌健康状况不清楚，不能统计存活率，野外真实寄生率不详，达不到实验室工人培育的寄生率等。

六、检疫封锁

（一）地方各级林业植物检疫机构

应当加强对辖区内涉木单位和个人的监管，建立电网、通信、公路、铁路、水电等建设工程施工报告制度，完善涉木企业及个人登记备案制度，建立省、市、县三级加工、经营和使用松木单位及个人档案，定期开展检疫检查（图 3–15）。

图 3–15　检疫监管及检疫执法

（二）加强辖区内涉木单位和个人的检疫检查

定期开展专项执法行动，严厉打击违法违规加工、经营和使用疫木的行为（图 3–16）。

图 3-16　疫木检查

（三）加强电缆盘、光缆盘、木质包装材料等的复检

严防松材线虫病疫情传播为害。

七、松材线虫病防治责任

新修订的《中华人民共和国森林法》第四条规定：上级人民政府对下级人民政府完成重大林业有害生物防治工作的情况进行考核。第三十五条规定：县级以上人民政府林业主管部门负责本行政区域的林业有害生物的监测、检疫和防治。国家林业和草原局《松材线虫病生态灾害督办追责办法》规定：国家林业和草原局对地方各级政府及林业部门落实国务院有关松材线虫病疫情防治决策部署不力进行追责。

（一）地方政府责任追究

地方各级政府存在以下履责不到位行为的将追究相关责任：贯彻中央有关生态安全保护的决策部署不力，执行国家有关法律法规不力，落实国务院有关松材线虫病疫情防治决策部署不力的；未按照

有关要求建立松材线虫病防治目标责任制，未将有关松材线虫病防治目标完成情况列入政府考核评价指标体系，以及防治责任落实不到位，没有按时完成防治目标任务的；未按照有关要求建立政府领导牵头、有关部门参加的防治领导机构或者临时指挥机构，林业有害生物防治检疫组织建设滞后，地区和部门之间协作机制不健全的；未按照有关要求将松材线虫病疫情普查、监测预报、检疫封锁、疫情除治和防治基础设施建设等资金纳入财政预算，且资金投入严重不足的；未按照有关要求制订本行政区域有关松材线虫病疫情防治的应急预案和防治方案，疫情防治组织不到位，疫情处置不力的；其他履责不到位的情形，应认定为履责不到位。

（二）地方各级林业主管部门责任追究

地方各级林业部门存在以下履责不到位行为的将追究相关责任：存在贯彻落实国务院、国家林草局有关松材线虫病防治的决策部署不力，或执行《松材线虫病疫区和疫木管理办法》《松材线虫病防治技术方案》等有关要求不力的；松材线虫病疫情监测、普查工作落实不到位，疫情发现不及时的；

未按照有关规定报告松材线虫病疫情信息，未按照有关规定划定、公布、撤销疫区和疫点的；未按照有关要求制定松材线虫病疫情防治作业设计，以及采取防治措施不科学，防治监督指导不到位，防治资金使用成效不高的；松材线虫病疫木监管不严，检疫执法组织不力，出现违法违规运输、加工、经营和使用疫木及其制品事件的，以及其他履责不到位的情形，应认定为履责不到位。

第四章

防治项目的组织和管理

一、防治项目实施的一般流程

松材线虫防治项目的实施一般由基层林业部门根据当地松材线虫病发生情况，组织防治项目的申报，经批准立项后，正式开展项目的组织实施。项目实施流程一般分为（图 4–1）：方案的制订和报

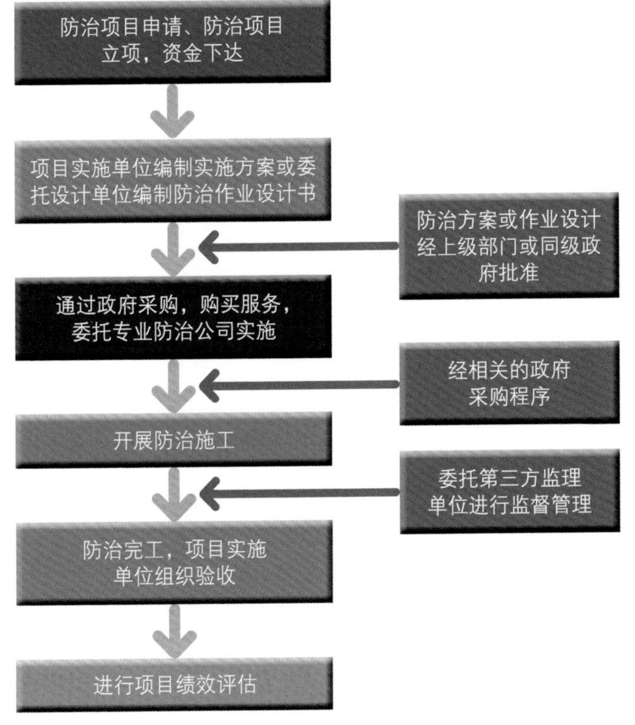

图 4–1　松材线虫防治项目实施的一般流程

批，防治服务采购，项目施工及监督管理，项目验收等步骤。

二、防治项目组织形式

根据各地松材线虫病发生的实际情况，目前防治项目的组织形式主要有以下两种。

1. 林业部门自行组织防治

指由林业部门购买防治药剂和施工器械，自行聘请施工和操作工人，组织开展松材线虫病的防治。这种组织形式优点：项目实施成本较低，组织快速、灵活。但也存在实施、监管不分，林业部门既是运动员也是裁判员，技术标准要求低等缺点。这种组织方式一般适用于防治时效性强的、突发的应急除治施工，以及乡镇小规模的防治施工作业。

2. 委托专业公司防治，林业部门监督项目实施

指由林业部门通过政府采购程序，将防治项目整体委托第三方专业防治公司实施，林业部门监督和指导项目的实施。这种组织形式现为多地林业部门采用。委托专业公司实施有防治目标任务明确，施工实施、监管指导分离，管理程序规范，防治质

量较高等优点。但也存在防治实施成本较高，采购环节多、过程耗时长等缺点。这种组织方式一般适用对施工作业技术要求高、防治项目规模较大、管理要求高的项目。

为提高防治项目的实施成效，目前，国家鼓励政府部门积极向社会化防治组织购买松材线虫病疫情防治、疫木除治、监测调查等服务，支持开展专业化的统防统治和联防联治，鼓励各地根据实际情况，积极推行专业化公司年度绩效承包防治，防治工作以年度指标完成情况为参考，以承包期末各项总指标为最终考核依据，通过每年各项指标完成情况的对比来全面评定防治结果，从而对林业有害生物防治实现长远有效的管理。

三、防治方案及作业设计编制

松材线虫病防治项目实施前，各项目实施单位应组织编制项目实施方案或者防治项目作业设计书。实施方案内容主要包括项目实施目的、内容及范围、技术措施、时间进度安排、经费预算、项目组织实施方式、管理措施、保障措施等内容。防治项目实施方案编制后要组织专家进行论证，论证通过后报上级部门批准。

如果防治项目管理要求高，一般还要组织编制防治项目作业设计书或防治实施方案，作业设计书的编制应根据项目实施单位编制的实施方案进一步细化，将防治范围、面积、技术措施和施工作业量落实到小班，并绘制发生分布图、施工作业图表和文字说明。

防治项目作业设计书应当委托具有林业调查规划设计资质的专业单位编制。项目设计负责人应当具有林业工程师或以上职称。项目作业设计要依据国家、省、市有关松材线虫病防治管理的相关法律、法规、文件要求以及相关技术标准、技术方案等进行编制。项目作业设计书主要包括项目实施基本情况、松材线虫病的发生为害情况、设计依据及原则、防治内容及作业范围、技术方法和措施、时间进度安排、项目投资概算、项目施工组织管理、质量验收、保障措施、相关图表等内容。

松材线虫病防治方案参考样式

一、基本情况

（一）森林资源及松林资源概况

（二）松材线虫病发生情况

包括发生地点、寄主种类、发生面积、病死（枯死、濒死）松树数量、林分状况，以及发生原因等情况。

二、目标与任务

（一）防治目标

（二）防治任务

三、疫情防治

（一）防治区划

（二）主要防治措施

1. 山场除治

2. 媒介昆虫防治

3. 检疫检查

（三）档案管理

四、除治质量验收及绩效评价

包括组织形式、检查时间、检查与评价内容、检查与评价方法，以及对除治质量验收及绩效评价不合格的处理措施。

五、经费预算

六、保障措施

松材线虫病防治项目作业设计书参考样式

一、项目基本情况

（一）自然地理及森林资源概况

（二）项目概况

包括项目背景、松材线虫病的发生为害情况、项目实施的必要性、项目内容简介。

二、项目设计的依据和原则

三、项目建设任务及布局

要将松材线虫病防治的范围、面积、技术措施和施工作业任务落实到林业小班。

四、防治技术方法和措施

五、时间进度安排

六、项目投资概算

七、环境影响

八、施工组织管理

包括项目组织管理、施工管理、防治监管及验收、档案管理等。

九、效益分析

十、相关图表

四、防治项目投资估算

松材线虫病防治项目一般以政府财政投资为主，资金使用的管理要求较高，项目实施通常涉及招标采购。防治项目实施采购前，一般要根据防治项目实施的工作任务及要求等，对项目的投资额进行测算，测算出来的费用总额作为项目投资概算，同时也作为项目单位进行进行招标的标底价格。

松材线虫病防治项目费用主要包括疫情日常监测、春秋季普查、疫木除治和传播媒介防治等相关的人工费、药剂费和器械等材料费。防治项目投资估算可以按以下几种方式进行。

1. 当地有关部门已经出台了松材线虫病防治项目计价标准

由项目实施单位或者委托专业机构，根据防治项目的工作任务清单、技术要求、各防治措施分项计价的标准，进行测算。如广东省林业部门根据近年广东省同类工程实际投入，充分考虑当前和近三年人工费及物资价格变动，经充分调研，在2019年制定出台了《广东省松材线虫病疫情防治措施单价核算指标》（表 4–1），大大地规范了基层林业部门防治项目的实施和开展。

表 4–1　广东省松材线虫病疫情防治措施单价核算指标

序号	防治措施	费用明细	费用支出内容	分项单价	综合单价
1	疫情普查	人工费	日常监测	3 元 /（hm^2·次）	3 元 /（hm^2·次）
			专项普查	3 元 /（hm^2·次）	3 元 /（hm^2·次）
2	线虫鉴定	人工费	对疑似松树取样检测	100 元 / 株	230 元 / 株
			线虫批量分离、鉴定	100 元 / 株	
		材料费	仪器、工具、试剂	30 元 / 株	
3	诱捕器诱杀防治	诱捕器	松墨天牛诱捕器	100 元 /（套·年）	900 元 /（套·年）
		诱芯	有效期 1 个月期（8 包）	560 元 /（套·年）	
		人工费	换药查虫人工费（8 次）	240 元 /（套·年）	
4	药剂防治	地面施药	人工费	人工喷药作业费	225 元 /hm^2
			药剂费	以 1% 噻虫啉粉剂为例	375 元 /hm^2
		注药	人工费	人工注药作业费	10 元 / 株
			药剂费	以松线光为例	110 元 / 株
		飞机施药	人工费	飞机防治、地勤	150 元 /hm^2

（续表）

序号	防治措施	费用明细	费用支出内容	分项单价	综合单价
4	药剂防治	飞机施药	药剂费	以 1% 噻虫啉微胶囊剂为例	225 元 /hm^2
5	疫木除治	伐桩	人工费	磷化铝熏蒸，薄膜压实	15 元 / 株
			材料费	磷化铝、薄膜或钢丝网罩	5 元 / 株
		烧毁	人工费	伐倒、锯断、集材	300 元 / 株
			材料费	燃料、防火设备	100 元 / 株
		粉碎	人工费	伐倒、锯断、运输、粉碎（削片）	500 元 / 株
			材料费	机械折旧、动力费	100 元 / 株
		钢丝网罩	人工费	伐倒、锯断、装网	150 元 / 株
			材料费	钢丝网	300 元 / 株

指标概算说明：1. 日常监测。费用 3 元 /hm^2，包括人工费、交通费、材料费、疑似病死样检测费。2. 专项普查。费用 3 元 /hm^2，包括人工费、交通费、材料费、疑似病死样检测费。3. 枯死木清理。人工费按坡度和胸径设置不同难度系数：坡度 <25 度，难度系数为 1.0，坡度 ≥ 25 度，难度系数为 1.2；树木胸径 <15cm，难度系数为 1.0，树木胸径 15~30cm，难度系数为 1.5，树木胸径 >30cm，难度系数为 2.0。

2. 当地有关部门没有计价标准

可在市场上进行询价确定项目的投资概算。由项目实施单位委托有关咨询机构组织在市场上询价。询价一般要向当地至少 5 家以上的相关防治企业进行咨询，防治企业根据防治工作的范围、任务、要求等，结合自身企业的能力，填写相关报价表。如果某一企业报价与其他企业报价偏离较大，则不纳入计算范围。然后对各单位的有效价格进行算术平均确定询价结果。

3. 由项目单位根据自身经验和市场情况进行测算

对投资规模小，由基层乡镇林业部门自行组织的松材线虫病防治，可由项目单位根据自身经验和市场情况进行测算，确定项目的投资额。

五、防治服务购买

（一）松材线虫病防治项目性质及特点

按照政府采购相关法律法规的规定，松材线虫病防治项目为服务类性质的项目。各项目实施单位要积极推进防治社会化，按照政府采购的相关规定，采取购买服务的方式，委托防治专业公司或专业队伍实施，以提高防治效果，降低防治成本。项目实施单位经政府采购相关程序确定防治实施的专业公司或专业队伍后，要与受委托的专业防治公司或专业队伍订立防治合同，约定防治目标任务、时限及防治成效。项目实施单位要加强对专业公司或专业队伍防治过程的管理，确保达到防治目标。

近年来，各基层部门结合实际情况，积极探索防治项目持续长期的绩效承包方式，不断提高防治效果。绩效承包防治是近年来经实践证明的一种有效的防治组织形式。绩效承包防治是指具有专业资质的防治公司或防治专门队伍经正式的招标程序承担防治任务，以年度指标完成情况为参考，以承包期末各项总指标为最终考核依据，通过每年各项指标完成情况的对比来全面评定防治结果的一种防治组织形式，是一项具有长期性（一般为 3 年）、体现长远实效的管理方式。这种防治组织形式不同于以往的防治工程量承包，它不是简单的防治多少面积，砍伐处理了多少死树，而是用每年秋季的实际发生情况反映上一年度的防治效果，用 3 年后发生情况检验承包期的总体绩效。这种防治组织形式要求承包公司必须承担较大的责任风险，必须树立大局意识和全局意识，必须考虑防治的系统性和长期性，必须统筹做好监测、检疫和防治工作，具有较强的约束力和规范性。

松材线虫病防治项目虽然是服务类性质的项目，但因为防治工作涉及范围较大、所需经费较多、专业性较强、组织实施和质量要求高等特点，所以在项目实施管理上一般参照采用工程项目管理的方式来组织实施。即通过招投标确定防治实施公司，通过项目监理保证防治施工质量，建立由建设单位、承包单位、监理单位、技术指导专家组成的管理体制，形成较为完整的松材线虫病防治项目实施组织体制，确保防治工作的顺利推进并达到预期目的。

（二）松材线虫防治项目招标关键

松材线虫病防治项目招标与一般服务类项目招投标类似，需按照国家相关招投标法律法规执行。除了遵循一般的规定外，还应结合松材线虫防治的实际，把握可能影响防治质量的关键内容，以确保项目实施的效果。

1. 投标单位资质

目前，在国家层面，相关管理部门还没有颁发或实施林业有害生物防治组织的相关资质制度，但很多地方部门结合实际情况，制定出台了相关的防治组织地方标准以及认定程序。如广东省制定了地方标准《林业有害生物防治组织资质》（DB44/T 1919—2016）（图4–2），《林业有害生物防治工程监理单位资质》（DB44/T 904—2011）（图4–3），并由广东省林学会组织开展防治组织的资质认定。

ICS 65.020.01
B 64
备案号：53530-2017

DB44

广　东　省　地　方　标　准

DB 44/T 1919—2016
代替 DB44/T 155－2003

林业有害生物防治组织资质

Qualification of prevention and control organizations on forestry pest

2016－09－30 发布　　2017－01－01 实施

广东省质量技术监督局　发布

图4–2　防治组织技术规程

ICS 65.020.01
B15
国家质量监督检验检疫总局备案号：32025-2012

DB44

广　东　省　地　方　标　准

DB 44/T 904—2011

林业有害生物防治工程监理单位资质

The Competency of Project Overseeing Unit for Forest Pest Control

2011－09－08 发布　　2011－12－01 实施

广东省质量技术监督局　发布

图4–3　防治监理单位技术规程

除了防治组织外，对林业有害生物防治领域从业人员，人力资源和社会保障部、国家林业和草原局联合颁布《林业有害生物防治员》的国家职业技能标准（图 4–4）。

为保障松材线虫病防治项目实施的质量，针对松材线虫病防治的实际情况，松材线虫病防治项目招标除了要求投标人具有政府采购法要求的相关必要条件外，一般还要求投标人拥有林业有害生物防治组织资质、防治组织施工人员中要拥有一定数量的林业有害生物防治员等条件。其中对资质条件可根据当地松材线虫病防治项目的工程量、难度和企业实力，结合实际，自行确定资质等级。

2. 评标方法

在组织项目招投标评标时，一般建议采用综合评标法进行招标，按技术、商务和价格分别打分的方式进行评分，而不以最低投标价法，以避免没实力的承包单位报低价最终中标，但低价中标单位并没有足够的实力保证防治质量，从而影响松材线虫病的防治效果。表 4–2 是某单位飞防项目的招标评审项目，供参考。

广东省林学会
FSGD

林业有害生物防治组织资质证书

单位名称：※※※※※※

业务范围：林业有害生物调查监测、预防和防治施工。

法定代表人：※※

证书编号：SFS 丙 2020-015

有效期至：2023 年 01 月 19 日

发证机构（印章）
2020 年 01 月 19 日

广东省林学会印制

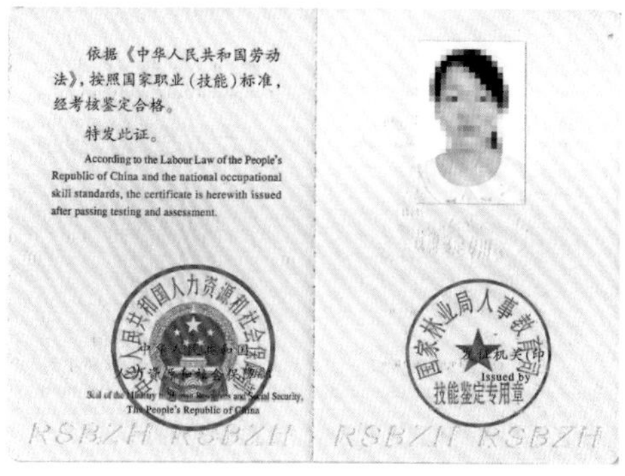

依据《中华人民共和国劳动法》，按照国家职业（技能）标准，经考核鉴定合格。

特发此证。

According to the Labour Law of the People's Republic of China and the national occupational skill standards, the certificate is herewith issued after passing testing and assessment.

中华人民共和国人力资源和社会保障部
Seal of the Ministry of Human Resources and Social Security, The People's Republic of China

发证机关（印）
Issued by

RSBZH RSBZH RSBZH RSBZH

姓名 Name 张三 性别 Sex 女

出生日期 Birth Date 1990 年 Year 07 月 Month 20 日 Day

文化程度 Educational Level 高中

发证日期 Date of Issue 2014年10月23日

证书编号 Certificate No. 14480030475005

身份证号 ID Card No. 44130219900

职业（工种）及等级 Occupation & Skill Level 森林病虫害防治员

理论知识考试成绩 Result of Theoretical Knowledge Test 67

操作技能考核成绩 Result of Operational Skill Test 75

评定成绩 Result of Test 合格

职业技能鉴定（指导）中心（印）
Seal of Occupational Skill Testing Authority

RSBZH RSBZH RSBZH RSBZH

图 4-4 防治组织资质证书及防治员证书

表 4-2　某单位飞防项目的招标评审项目

评审因素	评审分项	评审标准
价格	统一采用低价优先法计算，即满足磋商文件要求且最后报价最低的供应商的价格为磋商基准价，其价格分为满分。其他供应商的价格分统一按照下列公式计算：磋商报价得分 =（磋商基准价 / 最后磋商报价）× 价格权值 ×100	
技术	实施组织方案	结合项目特点，根据供应商施工组织情况，对项目特点和要求是否了解、分析透彻；从项目背景、必要性、防治效益分析、防治方法对环境影响评估、喷药实施计划等方面，对所有供应商进行综合比较
	质量保障	根据供应商对本项目包括质量保证措施完善程度、方案设计思路、飞防用药安全科学、飞防安全和效果等方面进行综合评分横向比较
	履约进度	根据供应商对本项目提供履约进度计划进行评分
	拟投入专业团队	根据供应商提供拟派项目负责人曾担任过同类项目负责人进行评分
		对供应商拟投入技术人员专业情况方面进行评审
	拟投入飞行服务人员飞防工作经验	根据供应商拟投入飞行服务人员飞防工作经验，以及飞行时间进行横向比较

（续表）

评审因素	评审分项	评审标准
技术	拟投入飞行设备	根据供应商拟投入飞行设备进行比较，包括数量、自有、租赁
		根据供应商投入机型的安全性、操控灵活性等性能以及喷洒设备的性能进行横向对比
	应急保障	根据各供应商的应急保障机制健全、方案周详、措施得当等方面进行综合评分
财务状况	根据供应商提供财务审计报告进行打分	
信誉	根据供应商质量管理体系认证及其他情况进行比较	
业绩	根据供应商提供同类业绩的数量进行对比	
服务	供应商企业管理制度情况	根据供应商提供的企业管理规范、航空安全管理手册、运行管理体系、直升机维护体系等制度进行评审
	供应商安全作业情况	根据供应商近3年作业中有无安全事故情况进行评分
	服务场所响应服务的需求	根据各供应商办公地点或者售后服务机构至实施地点响应到达时间进行对比
	后续服务方案	根据投标人提供本项目后续服务方案进行对比评分
对招标文件的响应程度	根据投标人对招标文件的响应程度对比评分	

六、防治施工监督管理

松材线虫病防治项目确定防治承包单位后，实施过程中，建设单位要强化对防治项目实施过程的监督管理。项目建设单位可组织专责监督小组或委托专业监理单位负责项目实施过程的监督管理。

（一）监理的主要内容

松材线虫病防治项目监督管理的主要内容：①对防治项目的质量、进度、风险和投资进行监督，重点对项目实施的进度是否符合计划安排，关键工序的施工措施是否符合国家、省、市相关技术规程及要求，使用物资设备的质量是否符合要求，防治效果是否达到约定的目标等内容；②对项目合同和文档资料进行管理；③协调有关单位之间的工作关系；④协助承包方开展技术培训工作，并对施工单位进行必要的技术指导。

（二）监理的方法及措施

监理工作的方法及措施，包括检查施工单位投入防治项目的人力、材料、主要设备及其状况；复核或从施工现场直接获取工程计量的有关数据并签署原始凭证：按设计图及有关标准，对施工单位的施工质量检查结果进行记录；担任旁站工作，发现问题应及时指出并向专业监理工程师报告；做好监理日记和有关的监理记录。

（三）施工质量监理

1. 施工进度监理

监理工程师对进度计划实施情况进行检查分析。当实际进度符合计划进度时，应要求施工单位编制下一期进度计划；当实际进度滞后于计划进度时，监理工程师应书面通知施工单位采取纠偏措施并监督实施。

2. 物资监理

对施工单位用于防治项目的物资的质量进行检查，每批物资检查 1 次，经检查合格的，签发材料报审单和材料进场单，检查内容包括药物及包装材料（如引诱剂、磷化铝、钢丝网、塑料薄膜）的来源、有效成分和有效期；药械（如喷雾机、诱捕器、粉碎机）的质量和性能。

3. 关键工序质量监理

枯死木清理：采取对正在施工的和已完成施工

的防治现场进行检查，检查的小班数量不少于防治项目区小班总数的 10%，每个标准地检查 3 株以上的枯死树。主要检查小班内的松树枯死木是否全部清理、伐倒的枯死木是否采取粉碎、销毁或钢丝网套处理措施，伐桩高度是否达到要求、伐桩是否采取消毒处理措施，枯死木枝条是否处理等。

应用松墨天牛引诱剂防治：施工前，监理方与施工单位商定诱捕器的具体挂放地点；施工单位挂放诱捕器时，监理方至少对 10% 的诱捕器进行旁站监理，重点检查诱捕器安装是否牢靠，挂放的位置、高度是否恰当；在防治期内，随机检查 10% 的诱捕器，检查是否按时维护、清理诱集到的天牛、更换引诱剂。

林间喷洒化学农药：施工前，监理方与施工单位商定喷洒化学农药的具体林分、进度安排；施工时，监理方至少对 10% 的小班进行旁站监理，重点检查施药方法是否正确，施药量是否合适。

树干钻孔注药：施工前，监理方与施工单位商定采用打孔注药方法处理松树，并对具体植株做标记；施工时，监理方至少对 10% 的处理植株进行旁站监理，重点检查施药方法是否正确，所钻的孔的位置、大小、深度是否符合要求，施药量是否合适。

4. 合同和文档资料管理

项目开工前，建设单位与施工单位、监理单位签订合同并做好相关准备工作，监理单位确认工程具备开工条件之后，给施工单位发出开工令，项目正式开工。施工过程中，监理工程师依据有关法律法规、项目设计文件及施工合同对施工单位报送的资料进行审查，并对工程质量进行竣工预验收，对存在的问题应及时要求施工单位整改，在此基础上提出工程质量评估报告。项目完工后，项目建设单位应组织监理单位参加竣工验收。

施工阶段的监理资料应包括下列内容：施工合同文件及委托监理合同；施工组织设计方案报审表；监理规划与实施细则；工程进度分析材料，包括施工过程中，实际完成情况与计划进度比较、对进度完成情况及采取措施效果的分析材料、设备的质量证明文件；工程开工 / 复工、延期报审表及工程暂停令；检查试验资料；监理工程师通知单；

工程计量单；报验申请表；会议纪要 / 来往函件；监理工作总结等。

七、防治项目验收

防治项目完工后，项目实施单位要及时组织项目验收。防治项目验收由项目实施单位组织验收小组或委托第三方单位验收的方式进行。验收组人员由项目管理监督人员、项目设计、监理人员，邀请相关专业技术人员、财务管理人员等相关人员 5~7 人组成，其中工程师或以上职称专业技术人员 3 人以上。项目实施单位委托第三方单位验收的，一般应具有相关的防治项目监理或项目核查经验。第三方单位应按上述人员要求组织验收人员。

松材线虫病防治项目验收采取现场核查和查阅档案资料相结合的方式，重点核查防治项目目标任务、完成时限、防治成效等是否达到相关技术规程要求和合同约定条件，项目管理是否规范，档案资料是否齐全等。防治现场核查按照国家、省、市相关技术规范要求进行抽查，对防治任务完成情况、关键工序的实施质量、防治成效目标等要进行重点核查。

项目验收查的档案资料应包括防治项目作业设计（实施方案）及批复文件、实施政府采购的相关档案资料、防治施工合同、监督管理过程的相关档案资料、项目资金投入及支出等财务管理档案资料、相关影像资料等。

验收小组现场核查和查阅档案后，应充分讨论并征求项目实施单位、监理单位及施工单位意见，出具验收报告。验收小组根据核查情况，对项目实施完成情况可综合评定为优秀、良好、及格等。对防治目标任务、完成时限、防治成效、关键工序的施工质量等关键指标未达到国家相关技术标准要求和合同约定条件的，不得予以通过验收。

参考文献

广东省质量技术监督局 . DB44/T 1060—2012，松材线虫病治理工程监理技术规程［Z］.

国家林业和草原局 . 国家林业和草原局 2020 年第 4 号公告［EB/OL］.（2020-02-28）［2020-02-28］. http://www.gov.cn/zhengce/zhengceku/2020-03/16/content_5491788.htm.

国家林业和草原局 . 国家林业和草原局关于印发新修订的《松材线虫病防治技术方案》的通知（林生发〔2018〕110 号）［Z］.

国家林业和草原局 . 国家林业和草原局关于印发重新修订的《松材线虫病疫区和疫木管理办法》的通知（林生发〔2018〕117 号）［Z］.

国家林业局 .LY/T 1867—2009，松褐天牛引诱剂使用技术规程［Z］. 2009-6-18.

国家林业局 .LY/T 2024—2012，轻型直升机喷洒防治林业有害生物技术规程［Z］.

国家林业局森林病虫害防治总站，2009. 中国林业生物灾害防治战略［M］. 北京：中国林业出版社 .

何善勇，温俊宝，骆有庆，等，2012. 气候变暖情境下松材线虫在我国的适生区范围［J］. 应用昆虫学报，49（1）：236-243.

宋玉双，2013. 中国松材线虫防控三十年回顾与思考［M］. 哈尔滨：东北林业大学出版社 .

宋玉双，叶建仁，2019. 中国松材线虫病的发生规律与防治技术［M］. 北京：中国林业出版社 .

杨忠岐，王小艺，张翌楠，等，2012. 释放花绒寄甲和设置诱木防治松褐天牛对松材线虫病的控制作用研究［J］. 中国生物防治学报，28（4）：490–495.

叶建仁，2019. 松材线虫病在中国的流行现状、防治技术与对策分析［J］. 林业科学，55（9）1–10.

叶建仁，2012. 松材线虫病诊断与防治技术［M］. 北京：中国林业出版社.

张彦龙，2012. 无公害技术防治松褐天牛控制松材线虫病研究［D］. 北京：中国林业科学研究院.

赵栩潇，杨丽元，2019. 浅谈松材线虫病的发生及防治措施［J］. 生物灾害科学，42（3）：186–190.